Copos de nieve

Joseph Otterman

Smithsonian

Asesores

Brian Mandell
Especialista de programa
Smithsonian Science Education Center

Amy Zoque
Coordinadora y asesora didáctica de CTIM
Escuela Vineyard de CTIM
Distrito Escolar Ontario Montclair

Créditos de publicación

Rachelle Cracchiolo, M.S.Ed., *Editora comercial*
Conni Medina, M.A.Ed., *Redactora jefa*
Diana Kenney, M.A.Ed., NBCT, *Realizadora de la serie*
Emily R. Smith, M.A.Ed., *Directora de contenido*
Véronique Bos, *Directora creativa*
Robin Erickson, *Directora de arte*
Michelle Jovin, M.A., *Editora asociada*
Caroline Gasca, M.S.Ed., *Editora superior*
Mindy Duits, *Diseñadora de la serie*
Walter Mladina, *Investigador de fotografía*
Smithsonian Science Education Center

Créditos de imágenes: pág.11 Dorling Kindersley/Science Source; pág.16 Philippe Psaila/Science Source; todas las demás imágenes cortesía de iStock y/o Shutterstock.

Smithsonian

Teacher Created Materials

5301 Oceanus Drive
Huntington Beach, CA 92649-1030
www.tcmpub.com

ISBN 978-0-7439-2600-3

Printed in Malaysia
Thumbprints.25940

Contenido

De polvo a copo de nieve

Todo empieza con una mota de polvo un día helado. Una gota de agua fría se pega a la mota. La gota se convierte en un **cristal de hielo**. El cristal de hielo crece y crece.

El polvo y el agua crecen y forman un cristal de hielo.

cristales de hielo

El cristal de hielo crece hasta que se vuelve más pesado que el aire. Cae desde el cielo. Cae con otros cristales de hielo. Los cristales son parecidos, pero cada uno es diferente. Son únicos. ¡Son copos de nieve!

A los cristales de hielo se les suele llamar “copos de nieve”.

Ingeniería y matemáticas

Simetría de un copo

En general, cada copo de nieve es **simétrico**. Eso significa que, si doblas la figura al medio, los dos lados son iguales.

La precipitación

Los copos de nieve son un tipo de precipitación. También hay otros tipos.

Toda precipitación empieza en forma de agua congelada en el cielo. Luego, cae a la tierra. Puede ser líquida como la lluvia. Puede ser sólida como la nieve.

Tipos de precipitación

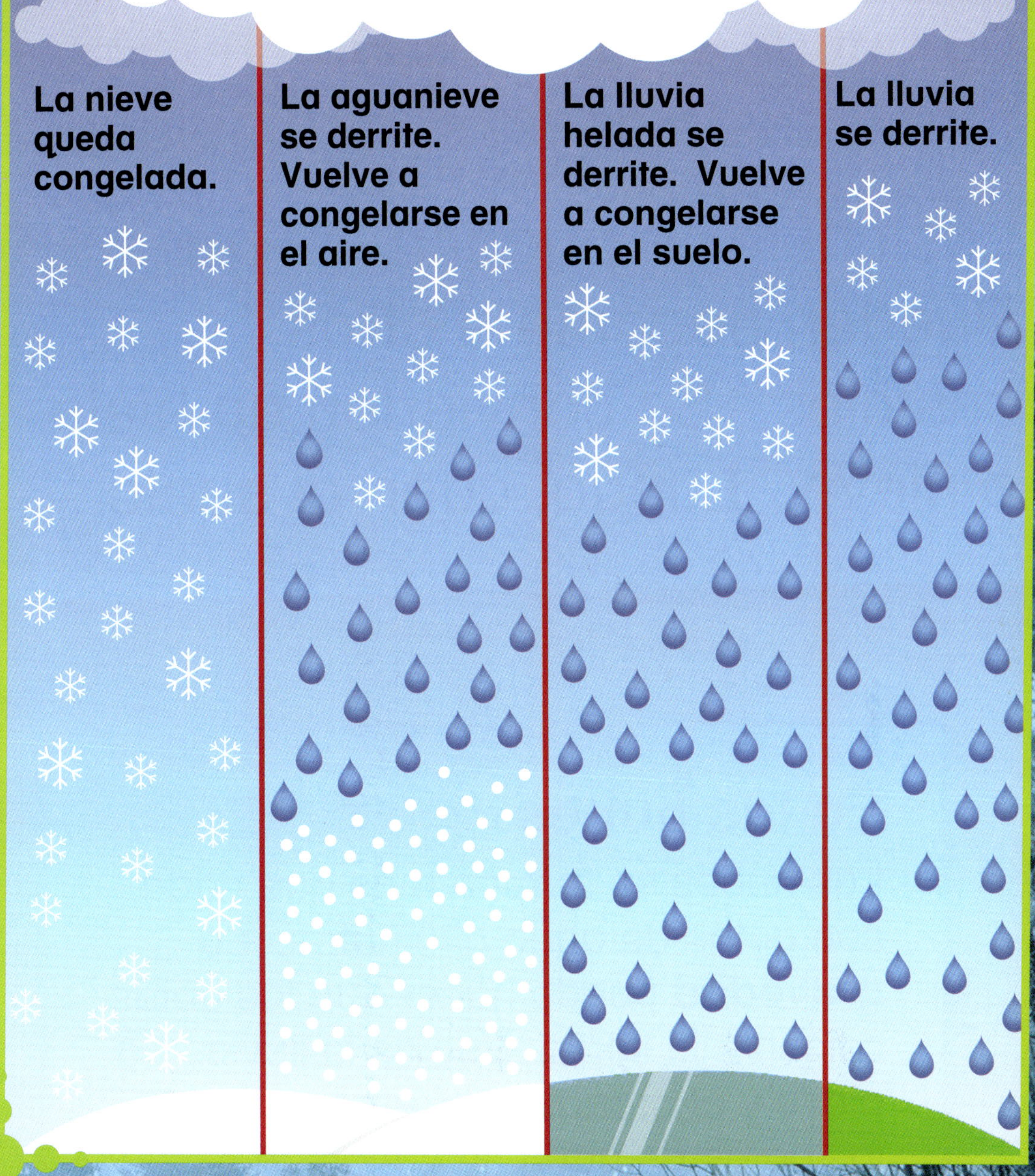

La precipitación se forma en las nubes. Las nubes están hechas de agua. El agua de las nubes forma cristales en el aire helado.

Los cristales pueden crecer. Pueden pegarse a otros cristales. Se convierten en hielo o nieve. Luego, caen al suelo.

Ciencia y tecnología

En las nubes

Las nubes se forman más que nada con gotas de agua diminutas. La **gravedad** puede hacer que las gotas caigan a la tierra. Eso es la lluvia. La nieve y el granizo se forman cuando las gotas de agua se congelan.

Las gotas de agua pueden congelarse y formar copos de nieve que caen a la tierra.

En forma

Los copos de nieve se enredan en el cabello y los mitones. Se pegan a la ropa. Eso pasa en parte por la forma que tienen. Los cristales de hielo tienen puntas. Todos nacen de la misma manera. Pero tienen distintas formas.

Los copos de nieve tienen cristales con puntas.

La forma de los copos de nieve hace que se peguen a este mitón.

Hace años, unos **científicos** hicieron un diagrama con las formas de los copos de nieve. Tenía siete grupos de formas.

Descubrieron que el estado del tiempo causa las formas. La **temperatura** del aire cambia la forma de los copos. La cantidad de agua que hay en el aire también la cambia.

Este termómetro muestra que la temperatura del aire es fría como para que nieve.

Arte

La forma de los copos

Una de las formas de los copos de nieve es la *dendrita estelar*. *Dendrita* significa “árbol”. *Estelar* significa “estrella”. La forma parece una estrella hecha con árboles.

Con el tiempo, los científicos hallaron más formas de copos de nieve. Ahora, ¡clasifican las formas de los cristales de hielo en 39 grupos principales! Pero hay muchas formas en cada grupo. De hecho, ¡hay más formas de las que te imaginas!

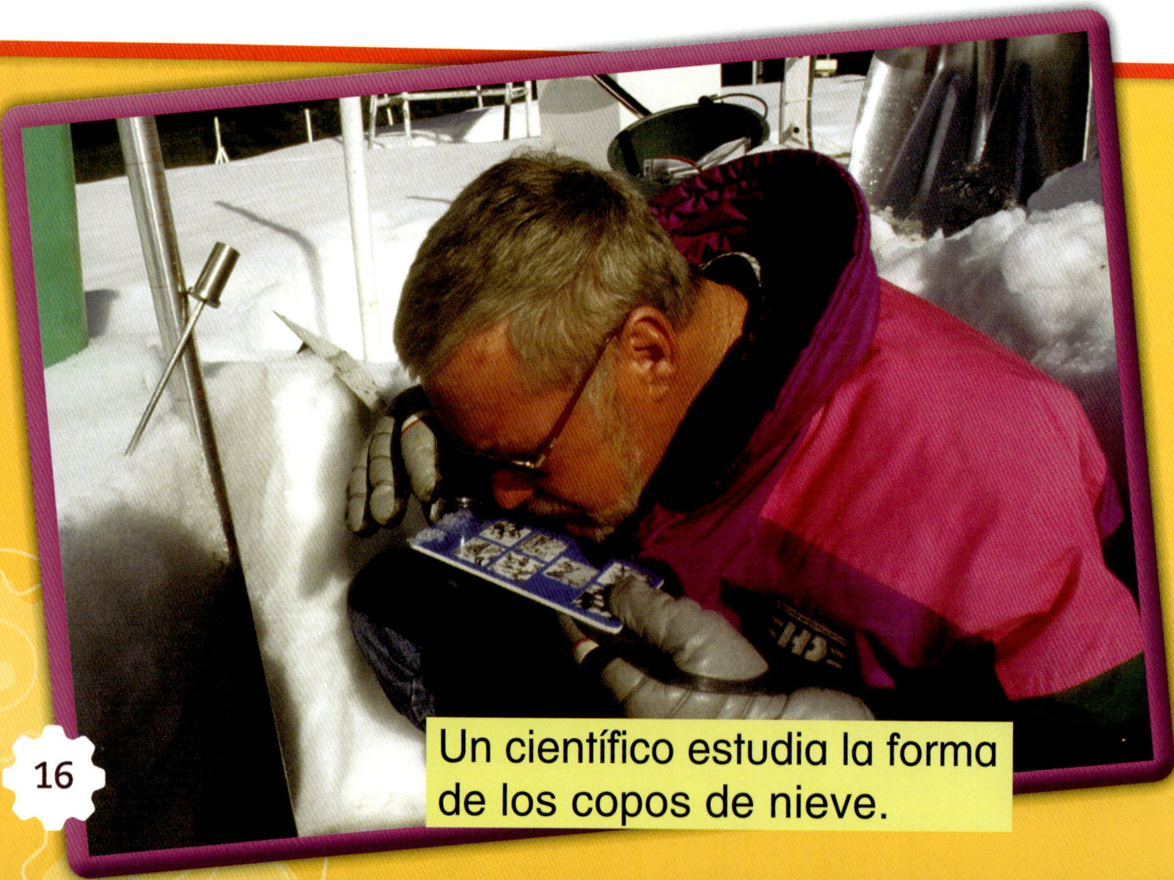

Un científico estudia la forma de los copos de nieve.

Estos son los 39 grupos principales de formas de cristales de hielo.

¡Que nieve!

La próxima vez que estés en la nieve, mira de cerca un copo de nieve. ¿Puedes distinguir su forma? Es difícil ver los cristales, pero están allí. ¡Hola, cristales!

DESAFÍO DE CTIAM

El problema

Vas a viajar al Ártico para estudiar los copos de nieve. Primero, debes construir un iglú donde vivir. Lo harás con bloques de nieve. ¿Qué forma debería tener tu iglú para que sea fuerte?

Los objetivos

- Haz un modelo de tu iglú con malvaviscos, terrones de azúcar, cinta adhesiva y/o pegamento.
- Haz que el iglú sea hueco de modo que haya espacio para que vivas dentro.
- Tu iglú debe poder soportar el peso de una arandela de metal sin romperse.

1 Investiga y piensa ideas

¿Por qué los copos de nieve se pegan unos con otros? ¿Por qué los iglús solo se pueden hacer en lugares muy fríos?

2 Diseña y construye

Dibuja tu plan. ¿Cómo funcionará? ¿Qué materiales usarás? ¡Construye tu modelo!

3 Prueba y mejora

Pon una arandela de metal arriba de tu iglú y déjala un minuto. ¿El iglú se mantuvo en pie? ¿Se rompió? ¿Puedes mejorarlo? Vuelve a intentarlo.

4 Reflexiona y comparte

¿Cuán grande crees que puede ser un iglú y seguir en pie? ¿Qué otra cosa se podría construir con nieve o hielo?

Glosario

científicos

cristal de hielo

gravedad

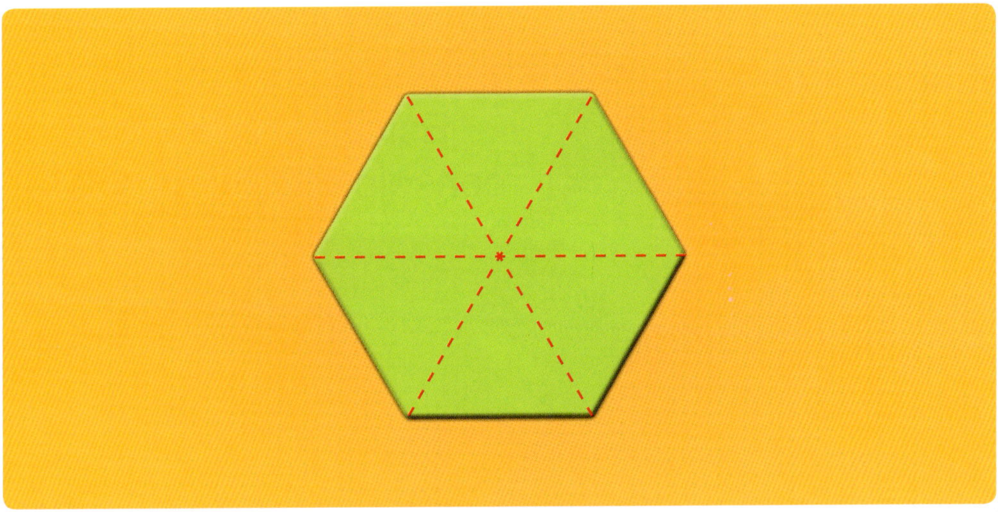

simétrico

temperatura

Consejos profesionales
del Smithsonian

¿Quieres estudiar los estados del tiempo?
Estos son algunos consejos para empezar.

"Toma notas de los diferentes estados del tiempo que ves. ¡Busca patrones y pasa tiempo al aire libre!". – ***Dr. Don E. Wilson, curador emérito***

"El estado del tiempo afecta muchas partes de nuestra vida. Estudia ciencias y lee los informes del estado del tiempo. Intenta predecir cómo estará el tiempo". – ***Brian Mandell, especialista del programa***